Andrew Hall

Empilhador elétrico

Andrew Hall

Empilhador elétrico

Conversão de Diesel para Elétrico, para um Empilhador, usando Inversores DC para AC e Motores AC

ScienciaScripts

Cover image: www.ingimage.com

This book is a translation from the original published under ISBN 978-3-659-83128-7.

Publisher:
Sciencia Scripts
is a trademark of
Dodo Books Indian Ocean Ltd. and OmniScriptum S.R.L publishing group

120 High Road, East Finchley, London, N2 9ED, United Kingdom
Str. Armeneasca 28/1, office 1, Chisinau MD-2012, Republic of Moldova, Europe
Printed at: see last page
ISBN: 978-620-8-28180-9

Índice:

Capítulo 1

1 Resumo

Este documento descreve a realização de um projeto de empilhador elétrico a bateria de uma empresa chamada Nexen. O projeto começa com a Electrofit Zapi a receber a cabine e o chassis de um empilhador, equipado com sistema hidráulico e motores de indução AC. Estes motores AC foram especificados por uma empresa externa e a Electrofit Zapi tem de fornecer e instalar componentes electrónicos. Este projeto não foi realizado anteriormente pela Electrofit Zapi, pelo que várias partes deste projeto terão de ser estudadas para que sejam consideradas aceitáveis. Foi elaborada uma lista de objectivos que mostra o que é necessário realizar neste projeto, definindo os componentes corretos, elaborando um esquema elétrico, montando e calculando o custo total.

O projeto foi transmitido à Nexen para determinar a melhor forma de instalar as peças relevantes. O feedback da nossa empresa de motores foi utilizado para definir os controladores corretos. Foram utilizados desenhos 3D para determinar a localização das peças. A localização dos dois tipos de controladores depende da sua dissipação de calor; foi efectuada uma investigação para garantir que os controladores não sobreaqueceriam, o que foi feito através da utilização de um dissipador de calor. Esta investigação foi realizada de forma semelhante à utilização típica destas peças, primeiro com um controlador de bomba e depois com os controladores de tração. Os controladores da bomba consumiam mais energia e aqueciam mais rapidamente. Um teste sem dissipador de calor mostrou que o controlador podia sobreaquecer em menos de 10 minutos; a utilização de um dissipador de calor podia reduzir este tempo para um nível aceitável. Foram efectuados testes semelhantes com os outros controladores, utilizados para a condução, que demonstraram ter uma dissipação de calor adequada no respetivo painel. Não foi possível programar totalmente os controladores com os parâmetros corretos sem uma roda traseira.

Foi desenhado um diagrama de cablagem adequado num computador. Foi estudado um novo método de controlo orientado para o campo, a utilizar na definição dos parâmetros destes controladores.

Este projeto demonstrou que a conceção do sistema elétrico pode ser realizada pela Electrofit Zapi e permitir-nos-á realizar projectos semelhantes no futuro, oferecendo pacotes completos de eletrificação. Os pacotes de desenho em 3D são uma ferramenta importante para projectos como este, permitindo que as ideias sejam facilmente transmitidas. Este projeto também mostra que podem ocorrer erros de mão de obra, por muito cuidado que se tenha na conceção.

Capítulo 2

2 Introdução

2.1 Título

Empilhador elétrico

2.2 Electrofit Zapi

A empresa para a qual trabalho é a Electrofit - Zapi. A Electrofit-Zapi é a sucursal britânica do grupo Zapi. O grupo Zapi é um líder mundial na indústria de controlo elétrico, o grupo Zapi é constituído por:

- Zapi - Controladores de motores
- Zivan - Carregadores de bateria
- Melhor - Motores AC e DC
- Schabmueller - Motores AC
- In-Motion - Controladores de motores
- ZTP - Joysticks

A Electrofit-Zapi é a sucursal no Reino Unido e representa o grupo Zapi no Reino Unido, Índia, Canadá e África do Sul.

2.3 Como surgiu o projeto

A Electrofit-Zapi aceitou um projeto de uma empresa chamada Nexen, para conceber o sistema elétrico de um empilhador elétrico (alimentado por bateria). Os empilhadores a bateria são atualmente um sector de mercado em rápido crescimento, com muitas empresas que pretendem produzir máquinas mais baratas, mais eficientes e mais ecológicas. A nossa tarefa consistiu em estabelecer contactos com a Nexen para decidir quais os componentes adequados e onde instalar o equipamento relevante, o que foi feito através de comunicação com desenhos 3D.

4.4 Projectos Objetivo

Este projeto tem como objetivo ajudar a criar um empilhador eficiente, fiável e de alta qualidade, que apresente os controladores Zapi e outros produtos do Grupo Zapi. Se este projeto for bem sucedido, abre-se a possibilidade de um fornecimento constante de equipamento da Electrofit-Zapi à Nexen para este e outros projectos

Atualmente, há muito desenvolvimento e dinheiro a nível mundial a ser investido na produção de maquinaria mais ecológica e amiga do ambiente. O camião que a Nexen pretende produzir é um camião contrabalançado de três rodas de 1,8 toneladas, alimentado por baterias eléctricas e totalmente funcional, que é atualmente um dos sectores mais competitivos do mercado. Com a concorrência das empresas asiáticas, onde máquinas como estas são produzidas em massa a um preço muito baixo, mas frequentemente com um nível inferior ao dos camiões construídos na Europa. A Nexen pretende construir um camião de alta qualidade e de fácil manutenção para se lançar no segmento superior do mercado.

A Nexen sempre utilizou motores de combustão interna a gasóleo, que produzem emissões nocivas e que a regulamentação limita a sua utilização em interiores. Os empilhadores eléctricos alimentados por baterias são muito melhores no que diz respeito a estes aspectos.

4.5 Benefícios

Há uma série de benefícios para nós e para a Nexen com o nosso envolvimento neste projeto.

- A nossa vantagem nesta situação é a nossa experiência com produtos electrónicos, pois representamos o grupo Zapi, que é uma marca líder neste sector. Poderemos apoiar a Nexen durante todo o processo de colocação deste camião em produção, com questões gerais de funcionamento que possam surgir e desenvolvimentos futuros que possam surgir após este projeto. Muitas das grandes empresas optam por fabricar os seus próprios produtos, eliminando a necessidade de recorrer a nós. Esta forma pode produzir produtos ligeiramente mais baratos, uma vez que não têm de ter em conta os lucros que nós (Zapi) obtemos, mas implicaria custos de desenvolvimento extremamente elevados, uma vez que teriam de desenvolver os seus próprios componentes.

- A vantagem para nós é que esperamos estabelecer uma relação forte e duradoura com a Nexen e que nos dará experiência para podermos abordar outros projectos de empilhadores. Nunca antes tínhamos concebido um sistema elétrico completo para um empilhador. Este projeto permitir-nos-á oferecer um sistema completo a potenciais compradores no futuro.

4.6 Trabalho anterior

O chassis foi fabricado pela Nexen através de uma empresa externa, a ZF, a montagem dos motores, do sistema hidráulico e da bateria também foi efectuada pela Nexen. Os motores já foram adquiridos e serão fornecidos pela Schabmuller. A Nexen apresentou o formulário do projeto, tal como consta do Anexo 1. A Schabmuller especificou os motores corretos e a ZF montou-os. O sistema foi concebido para 48V.

4.7 Exemplos físicos

O empilhador chegou à nossa fábrica no dia 10th de outubro de 2014. Para facilitar a compreensão, é apresentado um desenho anotado na Figura 1 a Figura 3:

Figura 1 - Fotografia da empilhadora Vista frontal

Na Figura 1, pode ver-se que os motores de tração estão situados à frente e que um motor de bomba (hidráulico) está situado diretamente atrás destes. Isto pode ser visto na Figura 2, que é uma fotografia da área atrás dos dois motores de tração da Figura 1.

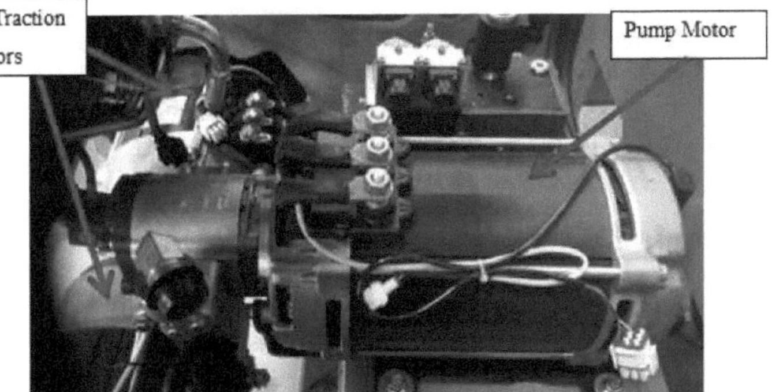

Figura 2 - Motores da bomba e de tração

Figura 3 - Foto da empilhadora Vista lateral

4.8 Objectivos

No início deste projeto, foram definidos os seguintes objectivos:

1. Especificar controladores DC para AC adequados - Os controladores terão de ser capazes de acionar os motores de acordo com os requisitos solicitados pela Nexen
2. Especificar componentes eléctricos adequados - tais como pedal, contactores, visor, controlador de válvulas e conversor DC-DC
3. Cabos dos motores - Para decidir a melhor forma de ligar os motores aos controladores e os comprimentos e tamanhos dos cabos que serão necessários. Para serem equipados com conectores Radlok pop on pop off
4. Esquema de cablagem - Conceber um esquema de cablagem para uma cablagem que permita o controlo da máquina pelo operador
5. Montagem - Peças Zapi a serem montadas pela Electrofit-Zapi
6. Testes - Testar o camião após a sua conclusão
7. Custo real - Custos calculados para a realização deste projeto
8. Lista de materiais para produção futura.

4.9 Objectivos fora do âmbito do presente projeto

- Montagem das forquilhas de elevação
- Montagem dos motores - Já montados à chegada
- Montagem da roda traseira - A ser completada pela Nexen numa data posterior
- Instalar quaisquer outros sistemas mecânicos ou hidráulicos - Já instalados à chegada

4.10 Diagrama

Planeamos implementar os nossos produtos como se mostra na Figura 4:

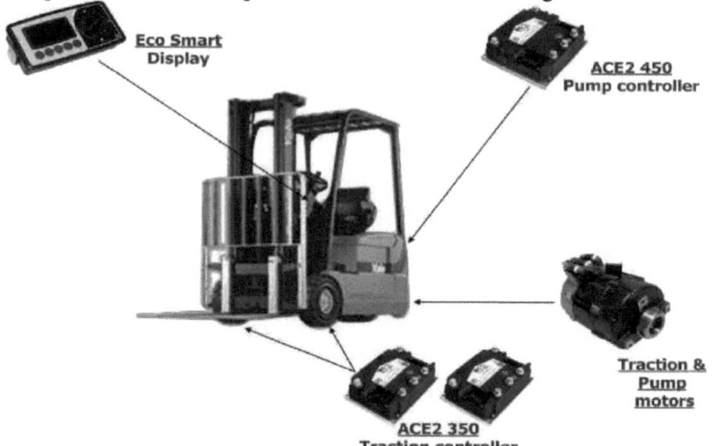

Figura 4 - Plano esquemático da empilhadora

Este tipo de diagrama pode ser utilizado para publicidade futura.

4.11 Avaliação dos riscos

Antes de iniciar este projeto, foi realizada uma avaliação de riscos, que se encontra no Anexo 2.

4.12Progresso

O progresso foi monitorizado ao longo deste projeto e está documentado nos relatórios das reuniões apresentados no Anexo 3, juntamente com o gráfico de Gantt original comparado com um gráfico de Gantt final apresentado no Anexo 4. Estes gráficos de Gantt mostram que as tarefas foram, na sua maioria, concluídas nas semanas designadas, com exceção dos testes, em que houve alguns erros que tiveram de ser corrigidos. O projeto ultrapassou o prazo de uma semana.

4.13 Revisão da literatura

No Apêndice 5 é apresentada uma análise da literatura sobre trabalhos semelhantes. As conclusões não revelam qualquer trabalho semelhante documentado neste domínio.

4.14 Formulário de atribuição de projectos

Este foi preenchido e apresentado no início do projeto e consta do Anexo 6.

4.15Ética

Não surgiram questões éticas com este projeto.

Capítulo 3

3 Alterações ao projeto

A Nexen solicitou que não fossem necessários dois componentes para o protótipo. Isto deve-se ao facto de quererem apresentar o empilhador numa exposição que se aproxima. Os aspectos que já não são necessários são:

- Conversor DC-DC - para alimentar o controlador de válvulas que planeavam utilizar
- Controlador de válvulas - A Nexen decidiu utilizar o sistema hidráulico que utiliza atualmente noutros camiões
- Ecrã a cores - A Nexen pretende utilizar um ecrã monocromático normalizado para poupar tempo e custos

A Nexen continua a planear a utilização destes componentes no futuro. Uma vez concluído este projeto, o trabalho prosseguirá com a conceção de soluções para estas questões.

- Teste - Não será possível testar totalmente o camião após a sua conclusão na Electrofit-Zapi, uma vez que a roda traseira não será fornecida
- Contactores a montar na placa do painel de tração, uma vez que não terminaram de conceber a caixa de contactores que pretendiam utilizar

Capítulo 4

4 Configuração

4.1 Especificação do produto

4.1.1 Controladores DC para AC

Entrámos em contacto com a Schabmuller para determinar os controladores adequados para os motores fornecidos. A Schabmuller enviou-nos as informações que constam do anexo 7.
Os motores instalados são:
Tração - TSA200-100-026 (motor de indução AC de 4,8kW)
Bomba - TSA200-100-209 (motor de indução CA de 17,6 kW)
Com base nas informações fornecidas pela Schabmuller, deve ser utilizado um ACE2 48V 350A para os controladores de tração e o ACE2 48V 450A para o controlador da bomba.

4.1.2 Componentes eléctricos

Ecrã - Deveria ser utilizado um ecrã Eco Smart normalizado; este funcionaria diretamente a partir dos controladores
Pedal - Foi utilizado um pedal normal com um potenciómetro de 5KQ, configurado para funcionar com os controladores de tração
Contactores - Devem ser utilizados os SW180 da Albright, capazes de lidar com correntes constantes de 150A e correntes superiores durante curtos períodos

4.1.3 Cabos do motor

Devem ser utilizados cabos industriais de 35 mm^2 capazes de suportar as correntes fornecidas.

4.1.4 Conversão de CC para CA

Para que o nosso sistema funcione, a energia eléctrica tem de ser transferida da bateria para o motor. A bateria produz energia eléctrica de corrente contínua, enquanto os motores são motores de indução de corrente alternada. Os motores de indução AC são utilizados em vez dos motores DC porque são mais eficientes, mais fiáveis, requerem menos manutenção e são normalmente mais baratos.
Para fazer funcionar estes motores, a energia CC tem de ser convertida em energia CA. Isto é feito pelos nossos inversores AC. Estes funcionam através de um circuito oscilador que inverte o fluxo dos electrões num ciclo definido. Simplificando, a eletricidade fluirá num sentido e depois inverterá para fluir no outro, simulando uma onda sinusoidal AC, o que é feito por um conjunto de transístores de comutação cronometrados de forma adequada. Estes inversores de corrente alternada aplicam então filtros com indutores e condensadores para obter a onda sinusoidal suave necessária para o motor de indução de corrente alternada. (Grabianowski, E. 2009)
Esta onda sinusoidal não é uma onda sinusoidal verdadeira, mas faz funcionar o motor; esta onda sinusoidal consiste em muitas ondas quadradas finas que actuam como uma onda portadora para o sinal de mensagem efetivo (onda sinusoidal CA suave) como na modulação de frequência. A Figura 5 apresenta um exemplo desta situação:

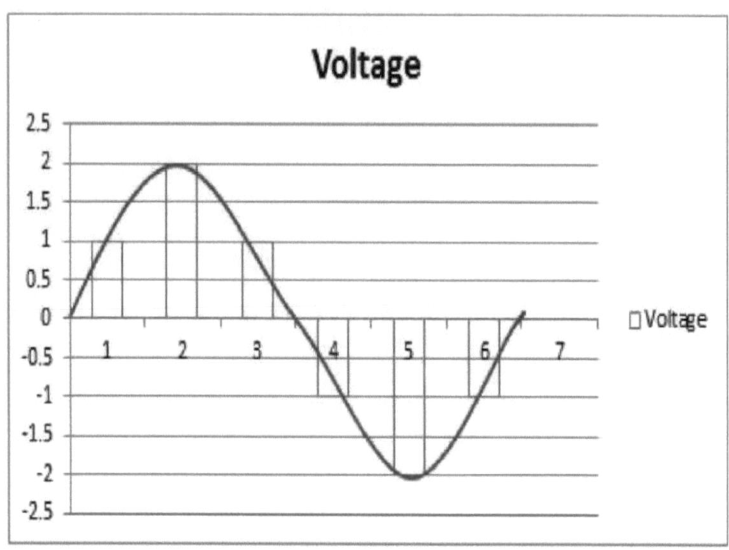

Figura 5 - Onda sinusoidal de CC para CA

4.1.5 Controlo Foc

Vamos definir os parâmetros para estes controladores com base num FOC (controlo orientado para o campo), um novo algoritmo de controlo do motor, e anteriormente os controladores utilizavam o controlo de deslizamento. A vantagem do FOC é que fornece a corrente mínima para ativar o campo magnético no motor; o controlo de deslizamento fornecia uma tensão mínima independentemente da corrente de que o campo magnético necessitava, o que resultava numa corrente mais elevada constantemente.

O controlo de deslizamento funciona através do controlo da tensão e do deslizamento (Hz). O controlo Foc funciona com princípios semelhantes ao funcionamento de um motor de saída separada (SEM), em que "Id" controla o fluxo do rotor e "Iq" controla o binário a 90° do rotor. O princípio do controlo FOC é que converte um sistema trifásico dependente do tempo/velocidade num sistema de duas coordenadas, não dependente do tempo, o que torna o controlo semelhante ao do motor CC de saída separada. (Electrical4U. 2015). A corrente Id pode ser comparada com a corrente de campo num motor SEM e a corrente IQ pode ser comparada com a corrente de armadura num motor SEM. No controlador, o parâmetro que define isto é o ID RMS. Quanto mais alto for o ID RMS, mais eficiente é o motor, enquanto que quanto mais baixo for, mais binário está disponível. Um gráfico que mostra a sua relação é apresentado na Figura 6:

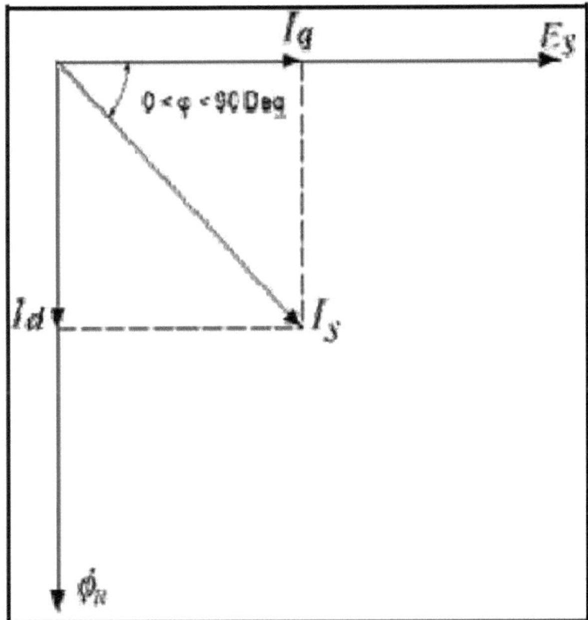

$$I_S = \sqrt{I_q^{2} + I_d^{2}}$$

Figura 6 - Gráfico da relação FOC (Dodi, F. 2014).

Este procedimento foi efectuado com os motores no empilhador com as rodas levantadas do chão, sem os controladores montados diretamente no empilhador. O procedimento é apresentado no Apêndice 8.

Para efetuar algumas medições, foi feito um fio condutor; U e V representam as fases do motor a que estão ligados:

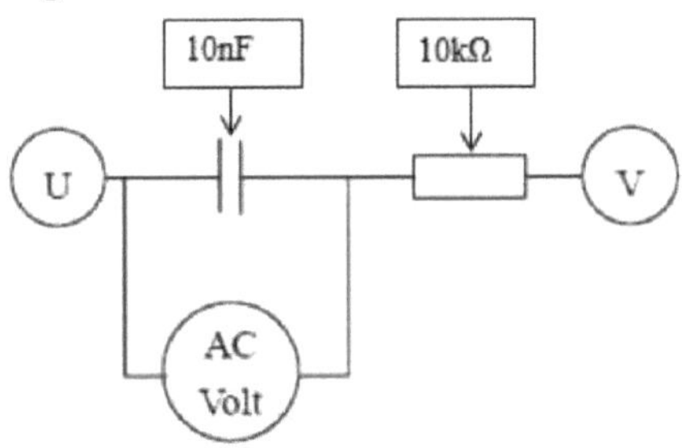

Figura 7 - Chefe de fila de medição da FOC

(Dodi, F. 2014).

Com este procedimento, é necessário que os parâmetros no controlador sejam ajustados de forma adequada.

Em primeiro lugar, os controladores de tração serão configurados. As etapas, tal como foram efectuadas, são apresentadas a seguir:

Passo 1. Definições de hardware: ID RMS MAX foi definido para 35A

Passo 2. TOP MAX SPEED foi definido para 80Hz

Passo 3. Entre U e V, liga-se o cabo indicado na figura 7

Passo 4. O motor está a funcionar (sem carga) aumentando o valor ID RMS MAX em 10A de cada vez.

Enquanto regista o fluxo e a frequência do motor até que o ID RMS seja (0,7 x Imax, 245A neste caso)

IMAX é a corrente máxima do controlador.

O fluxo é calculado através da seguinte fórmula:

$$\theta = \frac{Vrms \times \sqrt{2}}{2\pi f}$$

0 representa o fluxo

Vrms representa a tensão rms

f representa a frequência

O Excel é utilizado para traçar um gráfico a partir dos resultados obtidos, os resultados e o gráfico são os seguintes na Figura 8 e na Tabela 1, o objetivo deste gráfico é localizar o joelho da curva para definir a entidade ID RMS, determinando os melhores valores tanto para a eficiência como para o binário. Noutras aplicações, qualquer um dos dois pode ser mais importante, pelo que o joelho virtual pode ser mais ou menos inclinado.

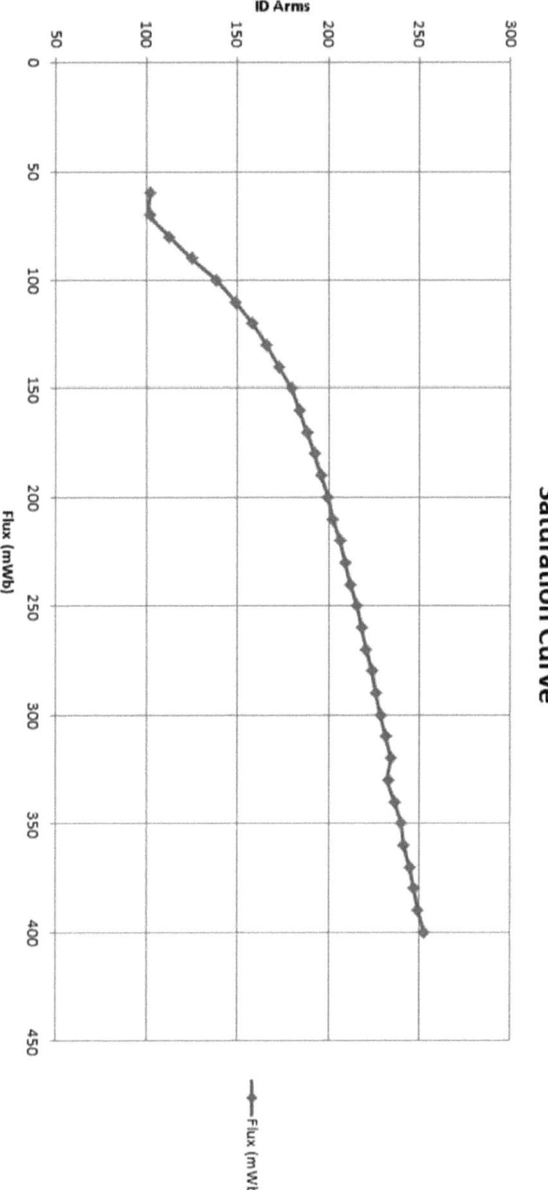

Figura 8 - Curva de saturação

Tabela 1 - Resultados da curva de saturação

Id (Braços)	Tlux (mWb)	Freq (Hz)
60	102.4053253	74.6
70	102.1315143	74.8
80	113.1768484	67.5
90	125.2366765	61.0
100	138.8988594	55.0
110	149.2077591	51.2
120	158.4945491	48.2
130	166.0747232	46.0
140	172.8379472	44.2
150	179.7514651	42.5
160	184.0828257	41.5
170	188.1634795	40.6
180	192.4291503	39.7
190	195.8830069	39.0
200	199.9852688	38.2
210	202.6375933	37.7
220	206.4712775	37.0
230	209.2996512	36.5
240	212.2065908	36.0

Tal como indicado no quadro 1, verificou-se que o joelho se encontrava a 150 Arms.

Etapa 5. O passo 6 requer que o empilhador seja imobilizado para definir o melhor valor de ROTOR TIME CONSTANT (Tr) para obter o binário mais elevado, uma vez que o empilhador não pode ser colocado no chão por não ter roda traseira; a próxima parte do teste terá de ser feita na Nexen. Para aplicar um valor agora, falámos com a Schabmuller e eles sugeriram um valor (Tr) de 75ms. Isto foi baseado no entendimento de que finalizaríamos um valor quando o camião estivesse completo

Passo 6. O passo seguinte consistia em definir os parâmetros na área de enfraquecimento do campo, o que também não pôde ser feito porque os valores anteriores não tinham sido obtidos, pelo que estes valores foram deixados por defeito.

Este mesmo processo foi repetido para o motor da bomba mas, mais uma vez, não tínhamos a capacidade de parar o motor. Os resultados são os seguintes:

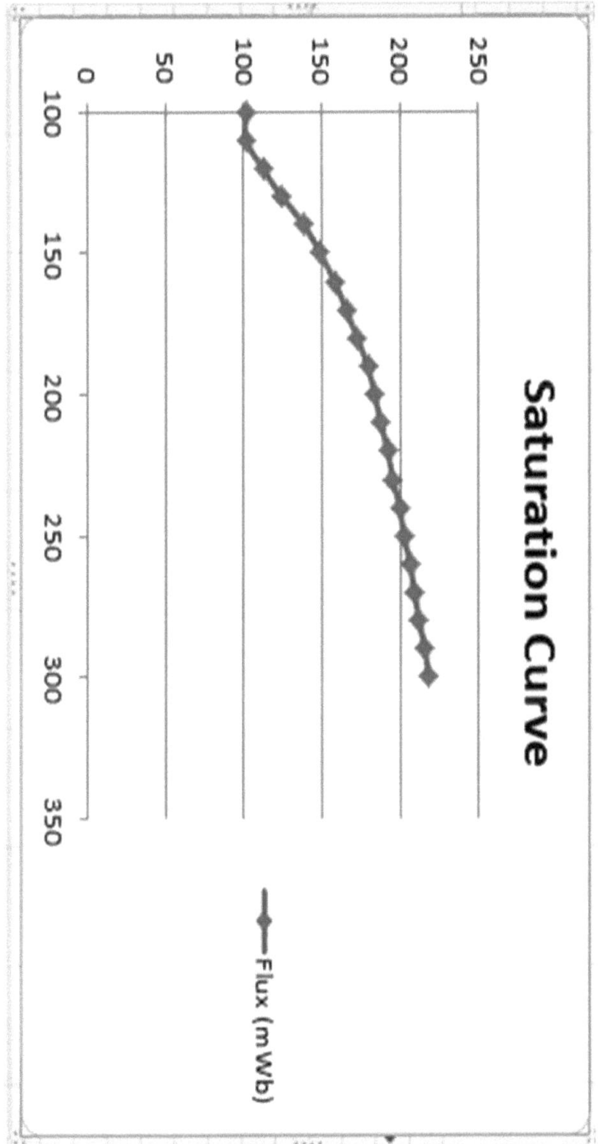

Tabela 2 - Resultados da saturação do motor da bomba

Id (Braços)	Fluxo (mWb)	Freq (Hz)
100	102.4053253	74.6
110	102.1315143	74.8
120	113.1768484	67.5
130	125.2366765	61.0
140	138.8988594	55.0
150	149.2077591	51.2
160	158.4945491	48.2
170	166.0747232	46.0
180	172.8379472	44.2
190	179.7514651	42.5
200	184.0828257	41.5
210	188.1634795	40.6
220	192.4291503	39.7
230	195.8830069	39.0
240	199.9852688	38.2
250	202.6375933	37.7
260	206.4712775	37.0

270	209.2996512	36.5
280	212.2065908	36.0
290	215.8033127	35.4
300	218.2696362	35 J

Figura 9 - Curva de saturação do motor da bomba

O valor ID RMS foi fixado em 210A.

4.2 Esquema elétrico

Para conceber um esquema elétrico suficiente, é necessário ter em conta uma série de funções para um empilhador

4.2.1 Funções necessárias

Qualquer empilhador tem um certo número de funções necessárias para ser útil. Várias destas funções podem ser controladas pelo equipamento que iremos fornecer. Algumas funções são essenciais para todos os empilhadores e outras são requisitos da Nexen. As funções no âmbito deste projeto incluem:

- Capacidade de deslocação para a frente e para trás - Para que um empilhador funcione, tem de ser capaz de se deslocar para a frente e para trás
- Direção - Para ser manobrável, um empilhador tem de poder ser dirigido em torno de uma área operacional. Deve ser utilizado um sistema mecânico para a direção, mas é necessário um feedback para que os controladores funcionem.
- Elevação controlada - Um empilhador tem de ser capaz de elevar objectos de forma controlada, através de garfos na parte da frente do empilhador
- Ligado através de um interrutor de chave - Utilizando o mesmo processo que um automóvel, um operador terá de utilizar uma chave para a ignição. Isto não é obrigatório para todos os empilhadores; alguns podem simplesmente ser ligados por um botão ou interrutor
- Acelerador variável - O operador deve ser capaz de aumentar/diminuir a velocidade de forma controlada. O acelerador de um automóvel é um bom exemplo de como isto funciona.
- Operação segura - Por razões de segurança, é essencial que o operador esteja presente para que o empilhador possa conduzir. Em caso de avaria, se o empilhador se deslocar sozinho, existe a possibilidade de acidentes mortais
- Monitorização - Durante o funcionamento, o utilizador deve poder ver a velocidade, os códigos de avaria e o nível da bateria
- Segurança do travão de mão - O camião não pode circular se o travão de mão estiver acionado.
- Segurança da ligação de alimentação - Não pode haver qualquer ligação física entre o terminal positivo da bateria e o terminal positivo do controlador; em condições de

avaria, isto pode danificar o controlador, conduzindo a outras avarias.
As entradas e saídas que são utilizadas para controlar este empilhador estão localizadas em cada controlador através de uma ligação de vedação de amplificador de 24 vias, como se mostra na Figura 10:

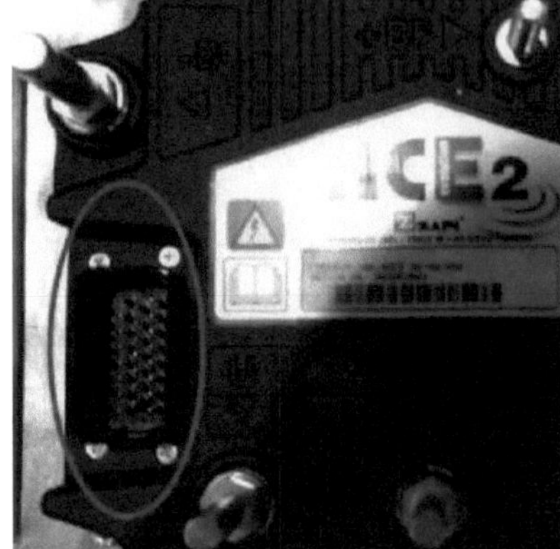

Figura 10 - ACE2 Conector de vedação de amperes de 35 vias

Estas entradas e saídas são utilizadas para cumprir os requisitos necessários; o Apêndice 9 contém uma lista completa destas funções de pinagem.

Neste projeto, o conetor B não é utilizado, uma vez que qualquer ligação a ecrãs ou consolas será feita através da rede CAN. Todos os pinos para este efeito encontram-se no conetor A.
As entradas e saídas para o controlador da bomba (ACE2 48V 450A) diferem ligeiramente; Estes são enumerados no Apêndice 10:
As funções enumeradas na secção 6.2.1 são satisfeitas por estas funções de pinos; são apresentados no quadro 3:

6.2.2 Entradas e saídas do controlador

Tabela 3 - Funcionalidade do controlador

Função	Satisfeito com
- Capacidade de deslocação para a frente e para trás - Para que um empilhador funcione, tem de ser capaz de se deslocar para a frente e para trás	A4 e A5 em ambos os controladores de tração selecionam a direção

- Direção - Para ser manobrável, um empilhador deve poder ser dirigido em torno de uma área de trabalho. A direção deve ser assegurada por um sistema mecânico, mas é necessário um feedback para que os controladores funcionem.	A10 nos controladores de tração ajusta a velocidade do respetivo motor ao rodar
- Elevação controlada - Um empilhador tem de ser capaz de elevar objectos de forma controlada, através de garfos na parte da frente do empilhador	A3 no controlador da bomba controla a elevação
- Ligado através de um interrutor de chave - Utilizando o mesmo processo que um automóvel, um operador terá de utilizar uma chave para a ignição. Isto não é obrigatório para todos os empilhadores; alguns podem simplesmente ser ligados através de um botão ou interrutor; neste caso, é necessário um para segurança	A1 nos controladores da tração e da bomba é comutado através de uma chave que liga e desliga o sistema
- Acelerador variável - O operador deve ser capaz de aumentar/diminuir a velocidade de forma controlada. O acelerador de um automóvel é um bom exemplo de como isto funciona.	A3 nos controladores de tração controla a velocidade designada

- Operação segura - Por razões de segurança, é essencial que o operador esteja presente para que o empilhador possa conduzir. Em caso de avaria, se o empilhador se deslocar sozinho, existe a possibilidade de acidentes mortais	A6 nos controladores da tração e da bomba garante que um operador tem de estar sentado no banco para que a bomba funcione
- Monitorização - Durante o funcionamento, o utilizador deve poder ver a velocidade, os códigos de avaria e o nível da bateria	A20 e A21 fornecem mensagens CAN Hi e CAN Lo ao ecrã para indicar a velocidade, os códigos de avaria e o nível da bateria

6.2.3 Desenho

O esquema elétrico completo é apresentado no apêndice 11.

6.3 Montagem

A montagem das peças deste projeto será facilitada pela utilização de desenhos 3D.

6.3.1 Chassis e cabina

O chassis e a cabina do empilhador são representados através de desenhos tridimensionais nas figuras 11 a 14, com vários pontos anotados para maior clareza, sendo estes desenhos provenientes do mesmo modelo tridimensional das figuras 1 e 3:

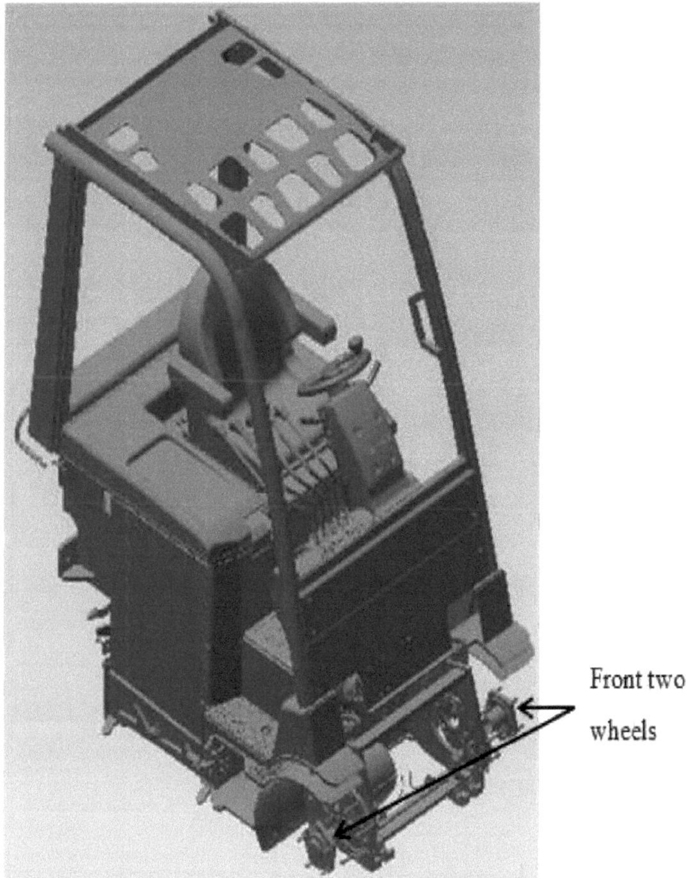

Figura 11 - Empilhador Desenho 3D Rodas dianteiras anotadas

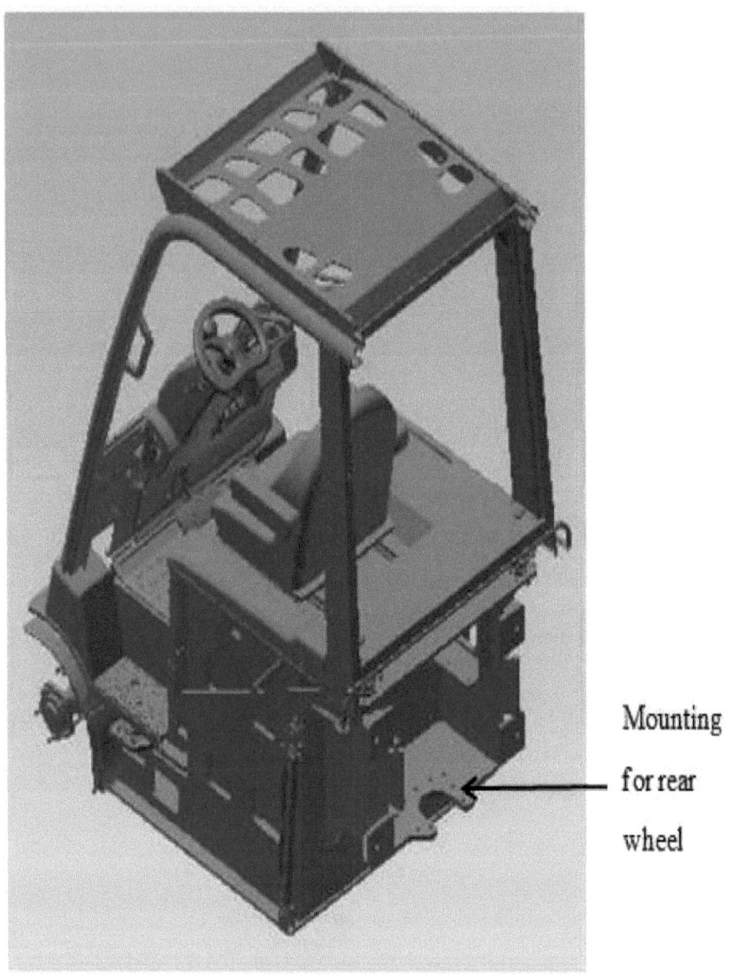

Figura 12 - Desenho 3D de empilhador Localização da roda traseira anotada

Como se pode ver nas imagens físicas do camião, Figura 1 e Figura 3, a área visível nos desenhos 3D será envolvida por um invólucro/cobertura exterior. A figura 13 mostra apenas o chassis visto da retaguarda:

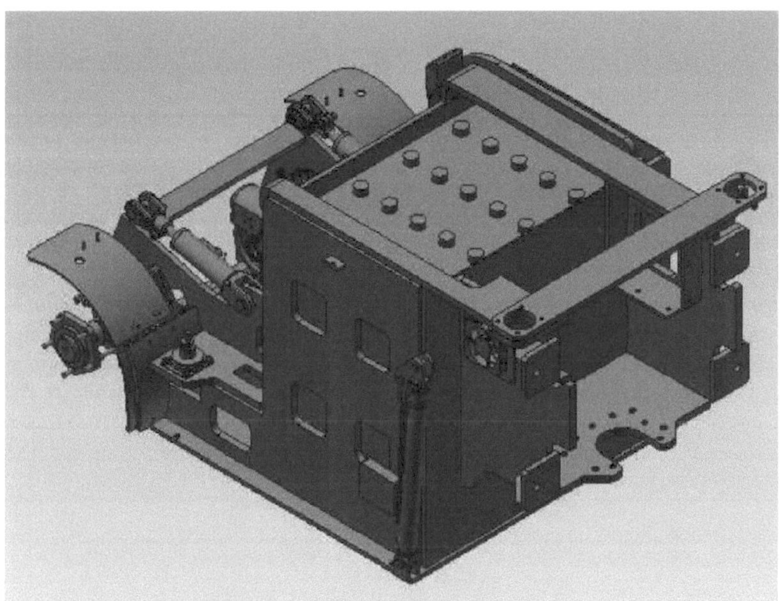

Figura 13 - Desenho 3D do chassis

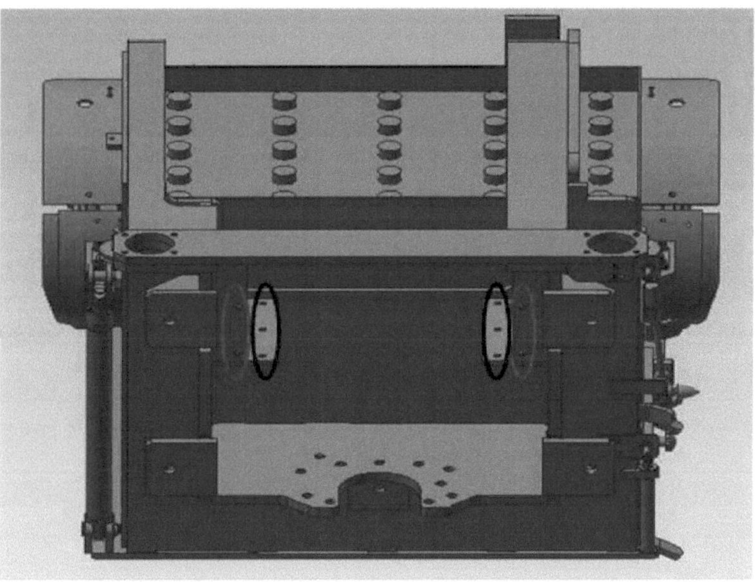

Figura 14 - Desenho 3D Orifícios de montagem do painel

Este quadro foi concebido pela Nexen para incorporar um painel duplo. Este deve ser montado com uma placa vertical aparafusada nos orifícios assinalados a vermelho e uma placa horizontal montada nos orifícios assinalados a azul, de acordo com a figura 14. O painel ainda não está terminado e não será utilizado para este protótipo. No futuro, o plano é utilizar estas fixações, como mostra a figura 15:

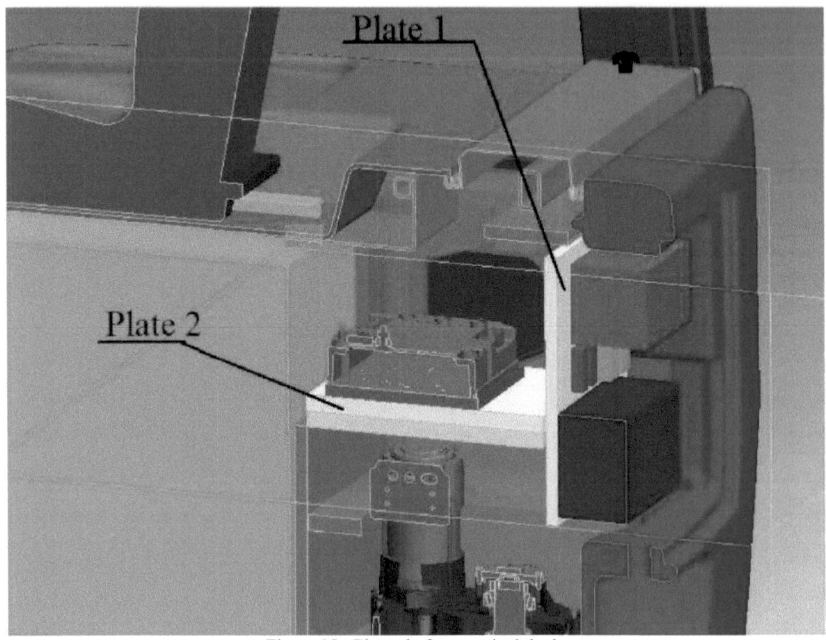

Figura 15 - Plano do futuro painel duplo

Com o painel adicional, haverá mais espaço para outros componentes que a Nexen possa querer incluir.

6.3.2 Plano de integração de equipamentos -

Os desenhos tridimensionais que se seguem, na Figura 16 e na Figura 17, foram concebidos para mostrar o local onde o hardware será montado; os componentes foram realçados a amarelo para maior clareza:

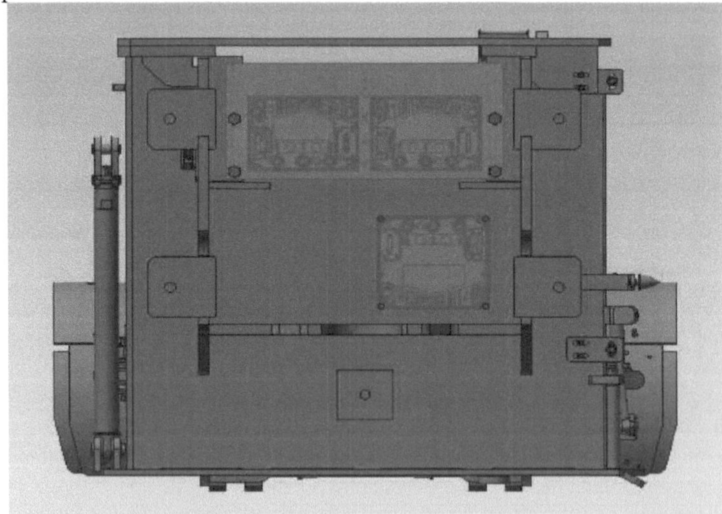

Figura 16 - Localização do controlador de desenho 3D

A figura 16 mostra a localização do painel de tração do controlador duplo e do controlador da bomba. Para o efeito, são utilizados os orifícios de fixação que se pretende utilizar na produção futura. A respectiva dissipação de calor dos controladores terá de ser investigada para se poder garantir que estas áreas são adequadas.
O ecrã Eco Smart será montado na parte da frente da cabina, junto ao volante e aos comandos do operador. O pedal deve ser montado próximo dos pés do operador. A figura 17 mostra-o:

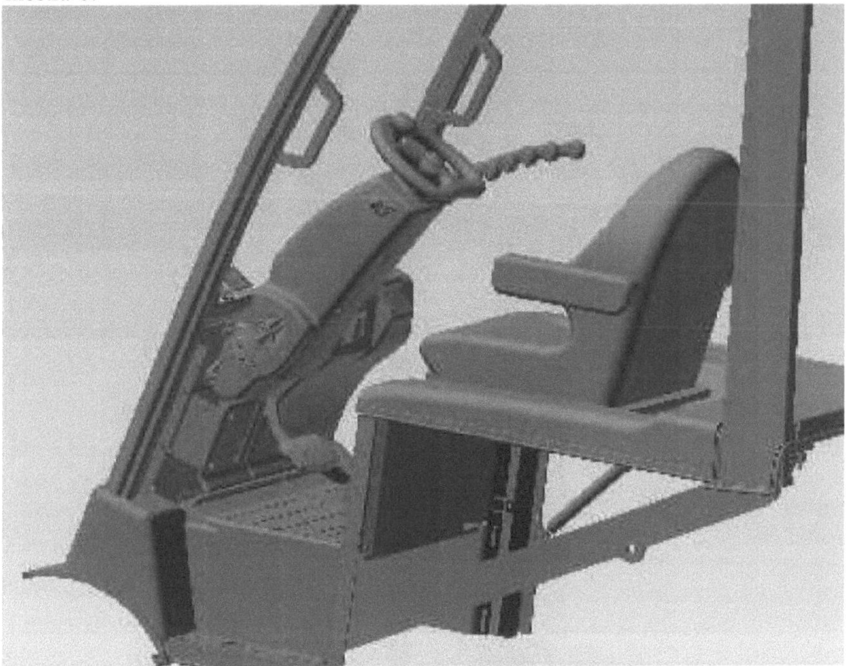

Figura 17 - Desenho 3D do ecrã e localização do acelerador

A Nexen tinha planeado colocar os contactores e os fusíveis de potência numa caixa de contactores personalizada montada debaixo do banco, tal como no painel duplo, mas este desenvolvimento ainda não foi concluído, pelo que os contactores serão montados na parte de trás do painel do controlador de tração, juntamente com os fusíveis. O painel foi redesenhado para incluir os contactores montados na parte de trás; isto ainda pode ser instalado onde planeado, uma vez que há espaço aberto atrás do painel de tração, mostrado na Figura 18 a Figura 20Figura 20. Foi instalado um barramento para ligar o lado da bateria do contactor, cujas dimensões são apresentadas no apêndice 12. O feixe de cabos será montado a partir dos controladores na parte de trás, sob a cabina, subindo pela frente, por trás da caixa do painel de instrumentos.

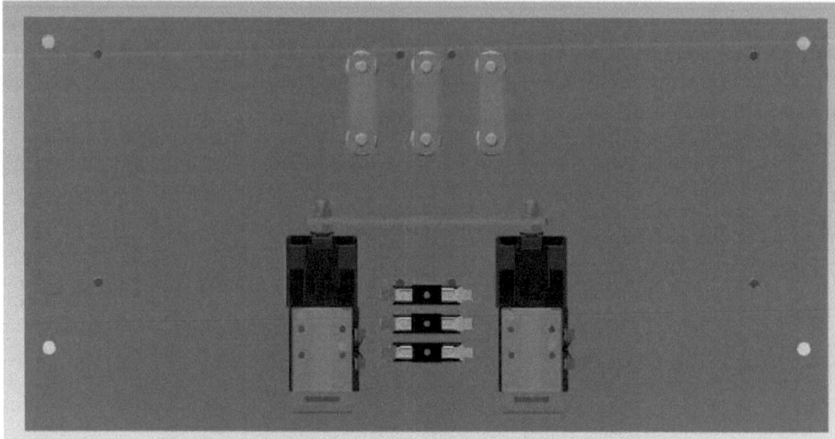

Figura 18 - Painel de tração para montagem dos contactores (traseira)

Figura 19 - Painel de tração para montar os contactores (lado)

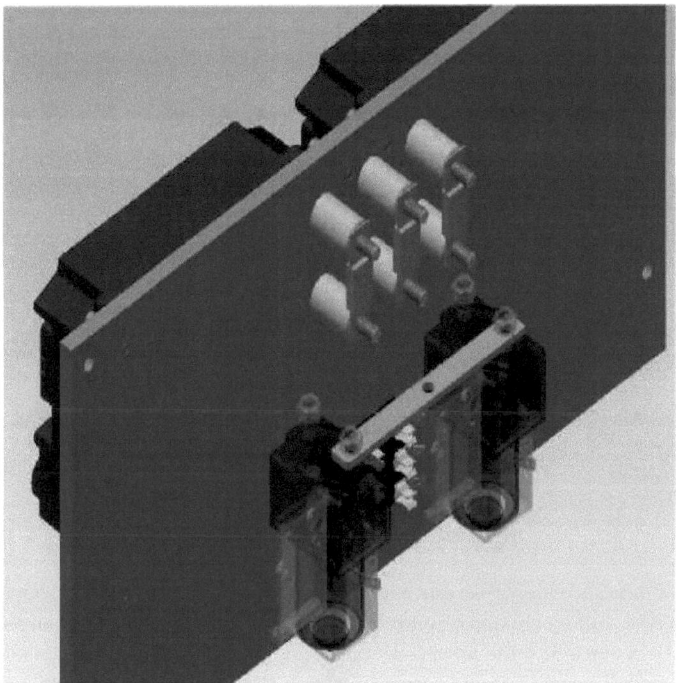

Figura 20 - Painel de tração para montagem de contactores (canto superior esquerdo)

6.3. 3Teste de adequação

Para garantir que o equipamento pode ser instalado conforme indicado no Plano de Integração do Equipamento, serão efectuados testes de temperatura para garantir que não é necessário um arrefecimento adicional. Qualquer componente eletrónico está limitado pela quantidade de calor que pode dissipar. Por exemplo, um controlador de motor pode potencialmente fornecer qualquer corrente durante um período de tempo limitado (menor à medida que a corrente aumenta) com base na sua capacidade e desde que não exista um limite definido. Com os controladores Zapi, a sua corrente máxima baseia-se no que podem suportar durante 2 minutos.

O ensaio do controlador da bomba consistirá em fazer funcionar o controlador com o motor ligado sob carga pesada, simulando as condições em que será utilizado um controlador de bomba. Isto será feito durante 30 segundos, parando durante 20 segundos de cada vez e repetindo este processo; a medição da temperatura será efectuada após cada ciclo "ligado". O objetivo é simular um processo semelhante ao da utilização dos garfos de um empilhador. Este é um teste extremo, uma vez que é improvável que um empilhador tenha um desempenho semelhante, o que permite alguma redundância.

O primeiro teste realizado será com um controlador de bomba montado num equipamento de teste (não no camião), o que implicará que o controlador fique na bancada de trabalho isolada (calor insuficiente

dissipação) enquanto ligado a um motor CA com um travão automático, utilizado para simular a carga aplicada. O objetivo é mostrar a rapidez com que o controlador aquece sem ajuda de arrefecimento. O controlador funciona entre 200-250A durante os 30 segundos. A temperatura será registada na placa de base do controlador, enquanto a temperatura

ambiente de fábrica é de 24°C.
Os resultados deste ensaio são os apresentados no gráfico da Figura 21:

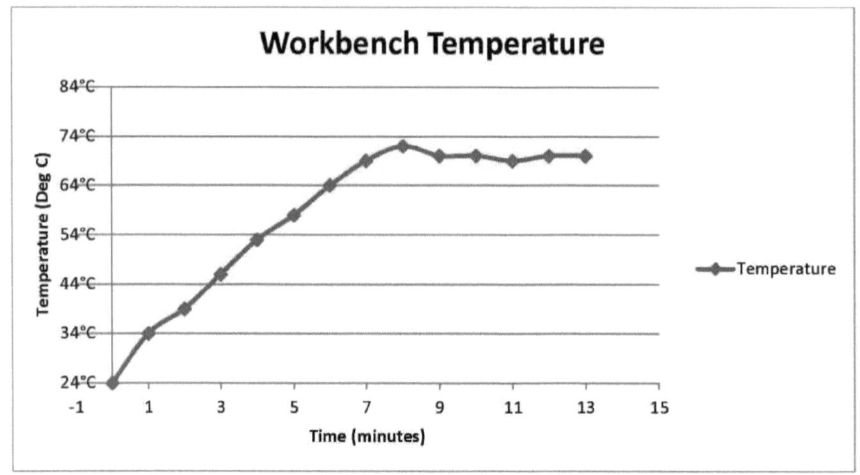

Figura 21 Temperatura da bancada de trabalho

A partir da Figura 22, pode ver-se que a temperatura do controlador aumenta rapidamente até cerca de 70°C, altura em que o controlador se reduz, diminuindo a sua corrente máxima. Atinge 70°C em cerca de 8 minutos; esta taxa de aumento não seria adequada num ambiente de trabalho, uma vez que o camião teria de parar constantemente para arrefecer.
O teste seguinte será efectuado com o controlador da bomba montado num grande bloco metálico para simular a forma como será montado no camião, tal como indicado no desenho 3D da Figura 16.
Os resultados são apresentados na Figura 22:

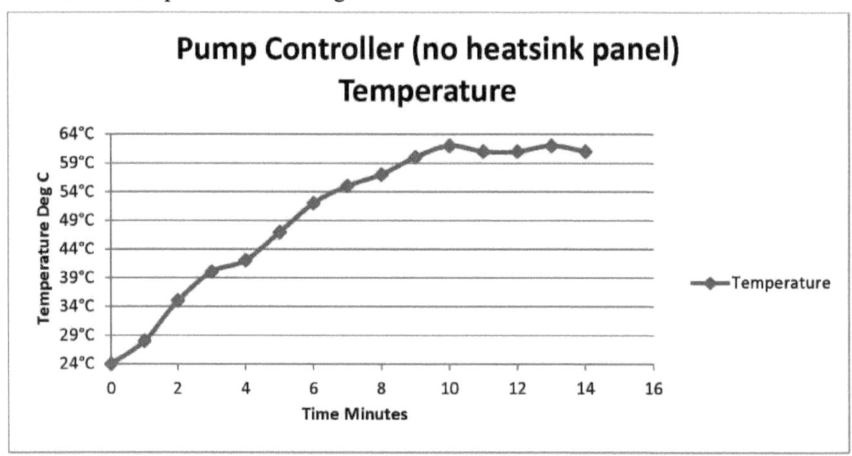

Figura 22 - Controlador da bomba sem dissipador de calor

Estes resultados estão à beira de serem demasiado elevados. A temperatura atinge os 6065°C. Esta informação foi enviada para os empilhadores Nexen. Concluiu-se que os testes efectuados excedem em muito as condições de trabalho em que os empilhadores serão

utilizados, pelo que se considerou que não havia problema e que o controlador podia ser montado diretamente no empilhador, de acordo com o plano de integração do equipamento.
O terceiro teste que foi realizado foi no painel do controlador de tração duplo, uma vez que a utilização é completamente diferente da de um controlador de bomba, os testes serão realizados com os controladores a funcionar sob carga leve a média, o que teve de ser feito no equipamento de teste, uma vez que o camião não pode ser testado com as rodas no chão.
O painel será colocado sobre dois blocos de madeira para proporcionar condições semelhantes às do painel montado no camião (ar livre). Os controladores funcionaram a cerca de 50A; a corrente normal de funcionamento prevista é de 40-50A. Desta vez, os controladores funcionarão durante 2 minutos, parando durante 30 segundos e repetindo este processo, medindo a temperatura após o ciclo "ligado". Os resultados são os apresentados na Figura 23:

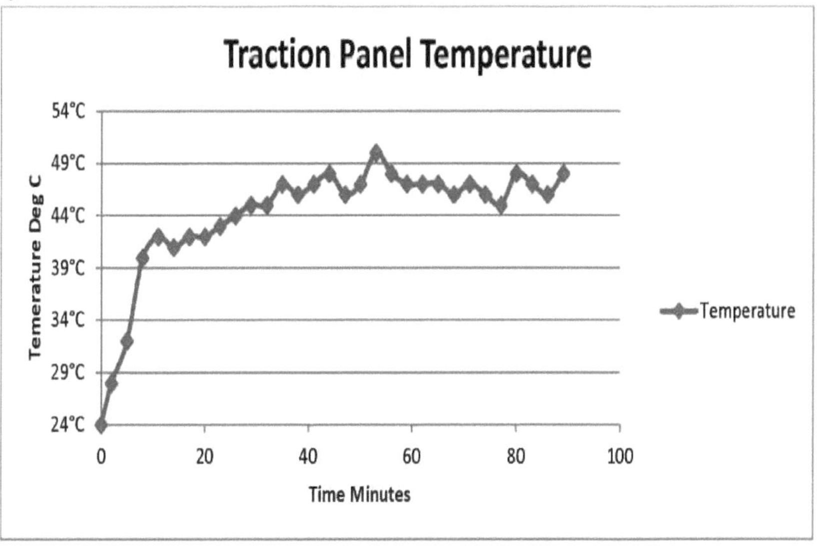

Figura 23 - Temperatura do painel de tração

A partir daqui, pode ver-se que, embora a temperatura aumente rapidamente, depois de atingir cerca de 40°C, a temperatura atinge um nível estável. Este aumento lento da temperatura deve-se à corrente de funcionamento muito mais baixa e ao painel de base a que está ligado.
Com os resultados obtidos nestes ensaios, pode concluir-se que os controladores são adequados para serem instalados no local previsto para este camião.

6.3.4 Instalação física

O painel do controlador de tração foi perfurado e roscado de acordo com o desenho das dimensões do painel apresentado no apêndice 13. O painel de tração é montado nos orifícios pré-definidos, como indicado anteriormente na figura 14. A figura 24 mostra-o.
Isto proporciona uma massa metálica decente para a dissipação de calor, como foi medido na Figura 22. A figura 24 mostra o local onde o painel e o controlador da bomba foram montados na traseira do camião:

Figura 24 - Montagem do painel de tração

O controlador da bomba é mais difícil de ver da parte de trás, mas a etiqueta é quase visível por trás do painel de tração, como mostra a anotação, os furos foram feitos de acordo com os furos da placa de base.

Na parte de trás deste painel foram montados os contactores e os fusíveis, como mostra a figura 25:

Figura 25 - Parte traseira do painel de tração

6.3.5 Cablagem e cabos de alimentação

Com base nas informações do diagrama de cablagem da secção 6.2 e nas medidas tiradas do modelo 3D do empilhador, foi criado um desenho do comprimento da cablagem, que se encontra no apêndice 14.

Cada um dos controladores foi equipado com os conectores Radlok e com o feixe de cabos. Um conetor Radlok montado é o mostrado na Figura 26:

Figura 26 - Conector Radlok

A Figura 27 mostra o painel de tração com os pernos Radlok e o arnês ligados:

Figura 27 - Painel de tração com conectores Radlok e cablagem

A figura 28 mostra o regulador da bomba com os cabos de alimentação ligados, montado como indicado nos desenhos 3D, atrás do motor da bomba:

Figura 28 - Montagem do controlador da bomba

As medições efectuadas a partir do modelo 3D mostram que os cabos têm de ter 3 metros de comprimento para chegarem aos motores na parte da frente.

Os cabos dos motores são fixados na Figura 24 e na Figura 28, mostrando os cabos que saem dos controladores; estes são depois alimentados através do camião, ao lado da cabina, para cada motor na parte da frente do camião. A Figura 29 mostra um exemplo de como estes cabos são alimentados através do camião e a Figura 30 mostra o percurso num desenho 3D:

Figura 29 - Montagem do cabo de alimentação

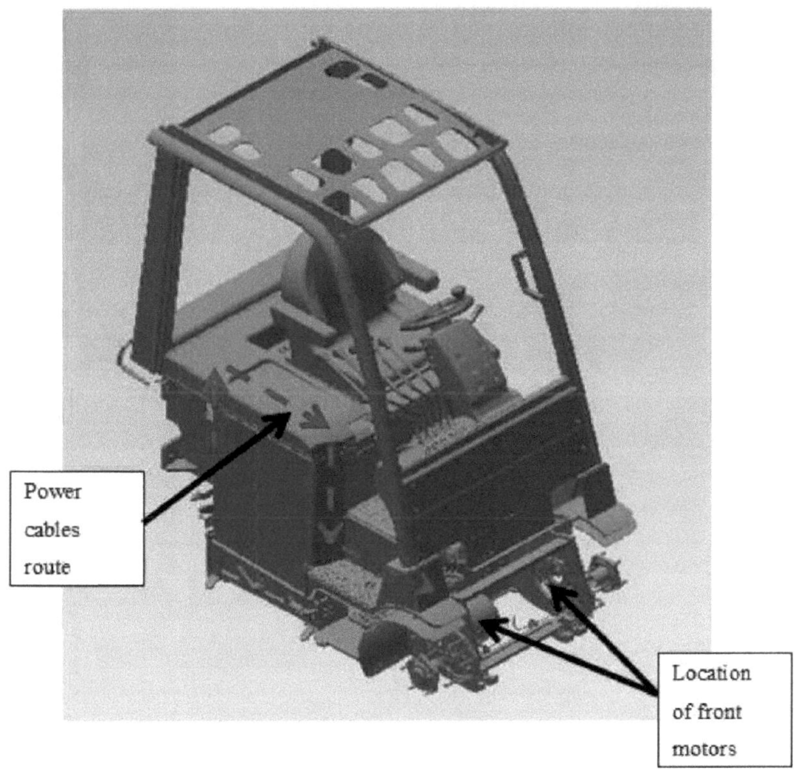

Figura 30 - Rota do cabo de alimentação

Na Figura 30, a linha tracejada vermelha representa os cabos sob o revestimento exterior. Estes cabos são depois ligados aos motores na parte da frente, como mostra a figura 31:

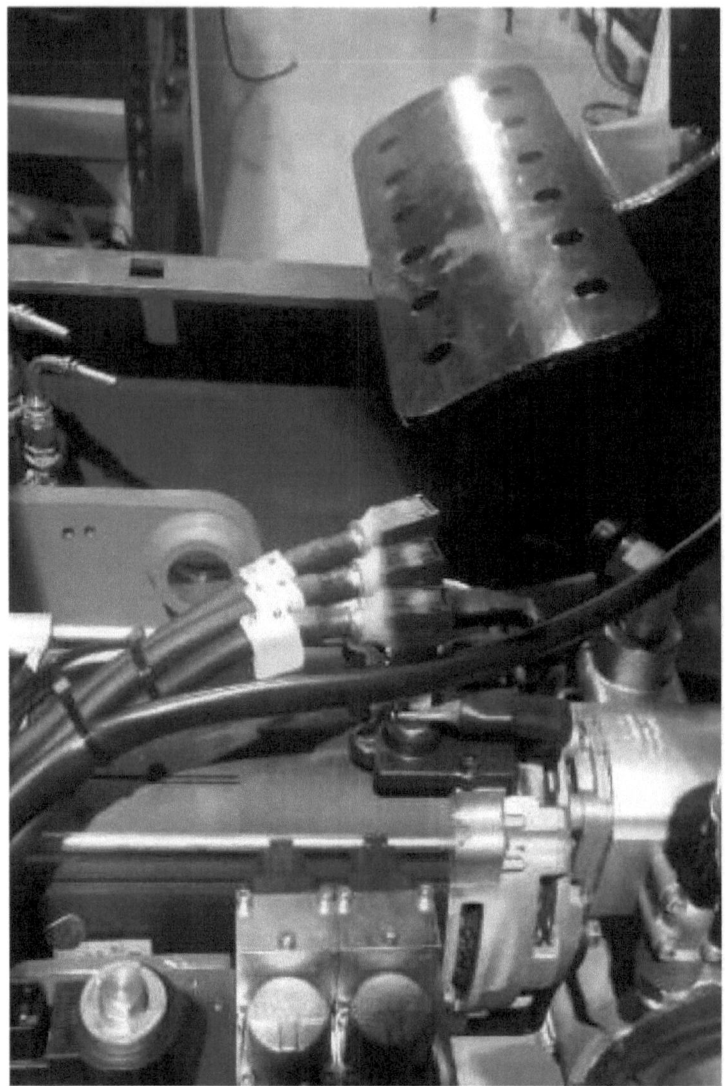

Figura 31 - Conectores Radlok ligados ao motor da bomba

O mesmo se repete para os motores de tração à frente. No apêndice 15 encontra-se um desenho dos cabos de alimentação e dos comprimentos dos cabos de alimentação.

6.4 Ensaios

Os testes foram efectuados neste camião depois de tudo ter sido instalado. Foi elaborado um procedimento de teste com caixas de seleção para indicar quando cada tarefa tinha sido concluída.

Existem três conjuntos de resultados, que constam do Apêndice 16.

Teste 1: No primeiro teste, ao testar a primeira opção, quando se rodou a chave, o ecrã acendeu-se como deveria, mas apresentou um alarme de INCORRECT START no ecrã. Foram efectuados diagnósticos e verificou-se que o interrutor de avanço tinha sido ligado incorretamente, pois estava permanentemente ligado. Esta situação foi corrigida e foi efectuado um segundo teste.

Teste 2: No segundo teste, consegui ligar a chave e o visor acendeu-se, mostrando que não havia alarmes e que os contactores estavam ligados. Ao percorrer todas as funções da consola, verifiquei que o travão de mão não funcionava. Mais uma vez, a ligação estava incorrecta. Isto foi rectificado e foi efectuado outro teste.

Teste 3. Neste teste, consegui efetuar um teste completo sem mais problemas.

Cada folha de teste foi preenchida e assinada por mim na altura.

6.5 Cálculo de custos real

A estimativa inicial dos custos era a indicada no quadro 4:

Quadro 4 - Estimativa de custos iniciais

Pessoal	Taxa p/h	QTY Horas	Total
Engenheiro de projeto	£20	80	£1,600
Admin	£10	16	£160
Montador	£10	56	£560
Testador	£15	16	£240
Peças			£1,000
Total			£3,560

O cálculo do custo real foi registado como se mostra no quadro 5:

Tabela 5 - Cálculo do custo real

Pessoal	Taxa p/h	QTY Horas	Total

Engenheiro de projeto	£20	115	£2300
Administrador	£10	26	£260
Montador	£10	46	£460
Testador	£15	6	£90
Peças			£1,514.88
Total			£4,624.88

Comparando o Quadro 4 e o Quadro 5, verifica-se que o custo real é cerca de 1000 libras mais caro do que o previsto, sendo a maior parte do custo adicional as peças e o tempo do engenheiro de projeto. O custo inicialmente declarado baseava-se nos controladores mais £400, não tendo sido feita muita reflexão sobre o custo do material no início. O tempo do engenheiro de projeto foi subestimado devido à necessidade de fazer desenhos em 3D. Muito deste tempo foi gasto em contactos com a Nexen através destes desenhos em 3D antes de finalizarem o que pretendiam, a conceção do painel duplo em forma de T, que será utilizado no futuro, ocupou muito tempo. A montagem e os testes foram inicialmente sobrestimados; o tempo de montagem foi grandemente reduzido pelos desenhos 3D com o plano de integração do equipamento. Os testes foram muito mais simples do que inicialmente planeado.

6.6 Lista de materiais

A lista de materiais encontra-se no Apêndice 17 e abrange todas as peças que foram adquiridas e encomendadas, a maioria das quais foi adquirida à RS devido à sua disponibilidade e facilidade de utilização. As peças poderiam ter sido encontradas a preços mais baixos noutros locais, mas o processo de aquisição seria mais demorado e não estariam tão facilmente disponíveis. O custo total de todas as peças, incluindo os controladores, foi de £1514,88.

Capítulo 5

5 Discussão

5.1 Revisão dos objectivos

1. Especificar controladores DC para AC adequados - Os controladores terão de ser capazes de acionar os motores de acordo com os requisitos solicitados pela Nexen	Satisfeito com a secção 6.1.1
2. Especificar componentes eléctricos adequados - tais como pedal, contactores, visor, controlador de válvulas e conversor DC-DC	Satisfeito na secção 6.1.2
3. Cabos dos motores - Para decidir a melhor forma de ligar os motores aos controladores e os comprimentos e tamanhos dos cabos que serão necessários. Para serem equipados com conectores Radlok pop on pop off	Satisfeito na secção 6.1.3
4. Esquema de ligação - Conceber um esquema de ligação para um feixe de cabos que permita que a máquina seja controlada pelo operador	Satisfeito na secção 6.2
5. Montagem - Peças Zapi a montar pela Electrofit-Zapi	Satisfeito na secção 6.3
6. Testes - Testar o camião após a sua conclusão	Satisfeito na secção 6.4
7. Custeio real - Custos calculados para a realização deste projeto	Satisfeito na secção 6.5

8. Lista de materiais para produção futura.	Satisfeito na secção 6.6

5.2 Positivos

Considero que este projeto decorreu de forma razoável, de acordo com os objectivos inicialmente definidos e com os prazos estabelecidos no diagrama de Gantt.

Os controladores foram especificados com a assistência da Schabmuller, o pedal, os contactores e o visor eram todos peças padrão que temos em stock, pelo que pudemos instalar e configurar facilmente. Os cabos dos motores foram selecionados com base nas correntes máximas dos controladores.

O esquema elétrico exigiu algum tempo para garantir que tudo estava configurado corretamente; este foi verificado várias vezes para evitar ter de voltar a ligar o arnês depois de ter sido instalado no camião.

Foi também um bom exercício para esta empresa realizar um projeto utilizando desenhos em 3D, uma vez que é algo que ainda não tínhamos utilizado totalmente. Em particular, a montagem foi facilitada com estes desenhos, pois pudemos planear onde as peças seriam encaixadas. Outro grande ponto positivo da utilização de desenhos 3D foram as medições dos cabos de alimentação e da cablagem, que puderam ser feitas de forma muito rápida e fácil, poupando as medições físicas com uma fita métrica, o que poderia ter sido incómodo por se tratar de um espaço confinado. Este será muito provavelmente o caso em muitos projectos futuros, à medida que os desenhos 3D se tornarem mais utilizados.

A montagem também foi auxiliada pela realização de testes de temperatura nos controladores antes de serem instalados no camião, utilizando os gráficos, que mostram a necessidade de um dissipador de calor adequado. Isto nunca tinha sido feito antes durante um projeto, pelo que foi bom obter algumas provas documentais.

Os testes revelaram-se muito mais simples do que inicialmente planeado e a lista de materiais foi redigida facilmente, uma vez que, quando tudo foi encomendado, foi feito um registo, o que poupou tempo à pesquisa das peças depois de terem sido compradas.

5.3 Negativos

Na minha opinião, este projeto poderia ter sido realizado muito mais rapidamente, particularmente no início, houve muita indecisão sobre o que a Nexen queria e muito do planeamento inicial foi efetivamente desperdiçado para este protótipo. Exemplos disto incluem um ecrã a cores, um controlador de válvulas e um conversor DC-DC, juntamente com o painel duplo em forma de T e a caixa de contactores. Após algum tempo, decidiram não incluir estas opções.

Penso também que poderíamos ter trabalhado muito mais depressa; demorámos este tempo devido à atribuição de um dia por semana. Penso que, para projectos futuros, seria melhor dedicar mais tempo consecutivo aos projectos. A capacidade de concluir projectos rapidamente impressiona os clientes. Isto tornou-se evidente porque a Nexen está a mandar fazer este camião connosco e com um concorrente; inicialmente escolheram-nos a nós e depois decidiram usar um concorrente para comparar. Se estivéssemos numa fase em que estivéssemos quase a terminar ou tivéssemos conseguido muito, creio que não teriam optado por utilizar também um concorrente, garantindo-nos praticamente o seu negócio futuro.

A falta de uma roda traseira também foi frustrante, pois se esta tivesse sido incluída, teríamos podido efetuar um teste completo e concluir o procedimento FOC completo.

Isto ter-nos-ia permitido alterar os parâmetros do controlador internamente para satisfazer plenamente os requisitos da Nexen e a nossa experiência com este tipo de aplicação. Agora, teremos de visitar a Nexen para podermos concluir este procedimento, o que implica mais tempo e recursos. Se tivéssemos realizado estas tarefas na nossa fábrica, isso também contribuiria para o nosso conhecimento e poderíamos partilhar informações com a Nexen em caso de dúvidas futuras sobre este camião.
Durante os testes, foram detectados dois problemas; isto deveu-se a um mau acabamento no fabrico do arnês, pelo que será necessário ter cuidado ao realizar estas tarefas no futuro, mas não serão tomadas medidas neste caso. Erros como este resultam em tempo para retificar, uma vez que é feito a um custo para a empresa. Normalmente, é muito mais difícil diagnosticar um problema do que tomar mais cuidado inicialmente.

Conclusão

Este relatório detalhou a forma como este projeto de empilhador elétrico foi realizado. Este projeto pode ser considerado um sucesso, uma vez que foi possível cumprir todos os objectivos necessários.

Controladores, ecrã, acelerador, cablagem e cabos de alimentação foram todos especificados e instalados; de acordo com o plano de integração do equipamento concebido com desenhos 3D, estes desenhos revelaram-se essenciais na nossa comunicação deste projeto.

A dissipação de calor provou desempenhar um papel importante, tendo-se verificado que era um problema com o controlador da bomba, pois sem um dissipador de calor o calor aumentava demasiado depressa. Os controladores de tração funcionaram bem. Foram utilizados gráficos para apresentar estas conclusões.

A documentação técnica sobre o diagrama de cablagem é apresentada neste relatório, incluindo os controlos do operador com o sistema elétrico. Outra documentação técnica inclui o desenho de trabalho da placa de base do painel de tração.

O método pelo qual estes controladores controlam o seu motor (Controlo Orientado para o Campo) é estudado, explicando como o seu processo é semelhante ao de um motor com saída separada, controlando dois aspectos do motor. Realizando o procedimento FOC; foi possível obter uma curva de saturação do motor, mas encontrar o binário ótimo e mapear uma curva de enfraquecimento do campo não foi possível devido à impossibilidade de testar completamente o empilhador.

O ensaio deste empilhador foi realizado com dois problemas de cablagem documentados; não foram encontrados outros problemas neste projeto.

É provável que os empilhadores eléctricos alimentados por baterias se tornem cada vez mais comuns e este relatório mostra uma forte perceção de como projectos como estes podem ser realizados e quais são algumas das armadilhas.

Neste projeto utilizei os conhecimentos adquiridos no módulo de sistemas de controlo, no que diz respeito aos motores de indução de corrente alternada, e noutros módulos como EEPS e teoria de controlo.

Recomendações

Trabalhos futuros

Apenas uma parte do procedimento FOC pôde ser concluída, o resto terá de ser concluído na fábrica da Nexen. Quando isto for feito, será necessário certificar-se de que eles têm as instalações corretas para poderem realizar tais testes, instalações tais como uma plataforma para poderem fixar/instalar os motores dos empilhadores e um medidor de força.

Desde que ganhemos o seu negócio, serão efectuados futuros desenvolvimentos. Poderemos prestar assistência à Nexen na conceção do seu desenvolvimento, incluindo o painel duplo em forma de T que tencionam utilizar, e poderemos assegurar uma dissipação de calor adequada nestas concepções. Este painel poderá igualmente incluir outros componentes electrónicos.

Projectos futuros

Nos futuros projectos que empreendermos, penso que devemos aplicar mais recursos e empenharmo-nos em concluir mais cedo, evitando a possibilidade de potenciais protótipos construídos com concorrentes, maximizando assim as nossas hipóteses de garantir o negócio. A secção 4.12 exemplifica os diagramas de Gantt, mostrando que todo o projeto foi concluído em 23 dias ao longo de seis meses. Se fossem aplicados mais recursos por semana, este projeto poderia ter sido concluído muito mais rapidamente.

Bibliografia

Dodi, F. (2014). FOC - Controlo Orientado para o Campo. Parma, MA: Zapi.

Electrical4U. (2015). Controlo orientado para o campo. Disponível: http://www.electrical4u.com/field-oriented-control/. Último acesso em 20 de fevereiro de 2015.

Fleischer, R. (2014). CAN-BUS e OBDII. O que é isto .porquê? Disponível: http://www.bmwmotorcycletech.info/canbus.htm. Último acesso em 15 de outubro de 2014.

Grabianowski, E. (2009). Como funcionam os inversores de potência CC/CA. Disponível: http://electronics.howstuffworks.com/gadgets/automotive/dc-ac-power-inverter2.htm. Último acesso em 20 de fevereiro de 2015.

Histand & Alciatore. (1999). *Introdução à Mecatrónica e à Medição Sistemas.* Disponível: http://mechatronics.mech.northwestern.edu/design_ref/sensors/encoders.html. Último acesso em 20 de fevereiro de 2015.

Keltner, N. (1998). *Medições de transferência de calor em aplicações de arrefecimento de eletrónica.* Disponível: http://www.electronics-cooling.com/1998/09/heat-transfer-measurements- in-electronics-cooling-applications/. Último acesso em 20 de fevereiro de 2015.

Malakar, M. (2014). Motor CC de excitação separada. Disponível: http://www.electrical4us.com/separately-excited-dc-motor/. Último acesso em 20 de fevereiro de 2015

Mitchell, B. (2014). *Quais são os diferentes "tipos" de empilhadores?* Disponível: http://www.bendigomitchell.com/kb/forklift-truck-types. Último acesso em 15 de outubro de 2014

National Instruments. (2014). *Camada física CAN e guia de terminação.* Disponível: http://www.ni.com/white-paper/9759/en/. Último acesso em 4 de janeiro de 2015

Oakes, P. (2013). Empilhadores a gasóleo, empilhadores a GPL e empilhadores de combustível duplo. Disponível: http://www.nexenlifttrucks.com/forklift-trucks/. Último acesso em 15 de outubro de 2014.

Universidade de Cambridge. (2015). *Formulário de avaliação de riscos.* Disponível: http://safety.eng.cam.ac.uk/procedures/riskassessment/risk-assessment-form- blank/view. Último acesso em 16 de abril de 2015.

Woodford, C. (2014). *Inversores.* Disponível: http://www.explainthatstuff.com/how- inverters-work.html. Último acesso em 20 de fevereiro de 2015

ZF. (2014). *Tecnologia de transmissão e chassis.* Disponível em: http://www.zf.com/corporate/en/homepage/homepage.html. Último acesso em 14 de outubro de 2014

Printed by Books on Demand GmbH, Norderstedt / Germany